AF467262

DIRECTEUR
GUSTAVE PHILIPPON
Docteur ès sciences.

LE SOLEIL

PAR

CHARLES MARTIN
Professeur de l'Université.

PRINCIPAUX COLLABORATEURS

MM. Le Dr Arthaud, chef des travaux de physiologie à l'Ecole pratique des Hautes Études, professeur au collège Chaptal.
Le Dr Beauregard, professeur agrégé de l'École supérieure de phar-
Le Dr Belin, chef de clinique à la Faculté de Médecine de Paris.
Daniel Berthelot, assistant au Muséum.
Le Dr R. Blanchard, de l'Académie de Médecine.
macie.
Robert Cambier, attaché à l'Observatoire de Montsouris.
Capazza, aéronaute.
J. Chatin, de l'Académie de Médecine.
Henri Coupin, préparateur à la Faculté des Sciences de Paris.
Le Dr Dubief, médecin-inspecteur des épidémies de Paris, chef de laboratoire à l'hôpital Cochin.
Dr Raphael Dubois, professeur de physiologie à la Faculté des Sciences de Lyon.
Duclos, préparateur de botanique à la Faculté de Médecine de Paris.
G. Dumont, professeur à l'Ecole des Hautes Études commerciales.
St. Ferrand, ingénieur-architecte, directeur du journal *Le Bâtiment*.
Camille Flammarion, directeur de l'Observatoire de Juvisy.
Le Dr Garran de Balzan, directeur de cours à l'Association philotechnique de Paris.
Dr N. Gréhant, professeur au Muséum.
E. de la Hautière, prof. agrégé de philosophie au lycée Saint-Louis.
Hanriot, de l'Académie de Médecine.
A. Hebert, préparateur de chimie à la Faculté de Médecine de Paris.
Koehler, professeur de zoologie à la Faculté des Sciences de Lyon.
H. Léauté, membre de l'Institut.
Lecomte, professeur agrégé d'histoire naturelle au lycée Saint-Louis.
Dr Lesage, chef des travaux pratiques à la Faculté de Médecine de Paris.
Levasseur, de l'Institut, professeur au Collège de France.
Gabriel Lippmann, de l'Institut, professeur à la Faculté des Sciences de Paris.
L. et A. Lumière.
Charles Martin, professeur de l'Université.
Martin, chargé de la direction du musée monétaire.
H. Mercereau, professeur de l'Université.
Stanislas Meunier, professeur au Muséum.
Victor Meunier.
Edmond Perrier, de l'Institut, professeur au Muséum.
Gustave Philippon, docteur ès sciences, directeur de la publication.
Paul Philippon, répétiteur à la Faculté des Sciences de Paris.
Le Dr Porak, de l'Académie de Médecine.
L. Prévaudeau, licencié en droit.
A. Quillard, préparateur à la Faculté de Médecine de Paris.
Dr Regnard, professeur à l'Institut national agronomique.
Rocques, ancien chimiste au laboratoire municipal de Paris.
Roux, assistant de la chaire d'agriculture au Muséum.
Roux, vétérinaire de l'armée.
Ch. Velain, chargé de cours à la Faculté des Sciences de Paris.
Etc., etc., etc.

LE SOLEIL

Par CHARLES MARTIN

Professeur de l'Université.

AVANT-PROPOS

« La plénitude et le comble du bonheur pour l'homme c'est de s'élancer dans les cieux et de pénétrer les secrets de la nature. Il est là-haut des régions sans bornes que notre âme est admise à posséder, pourvu qu'elle n'emporte avec elle que le moins possible de matière... Quant tu te seras élevé à ces hautes contemplations, tu souriras des batailles humaines en disant : Evolutions de fourmis ! Grands mouvements sur peu d'espace ! ».

Telle est l'opinion formulée dans les écrits de Senèque il y a 2,000 ans.

Ami, laisse rouler la Terre
Autour de l'astre des Saisons !...
Q'importe qu'au centre du monde
Le soleil fixe ses destins,
Pourvu que sa chaleur féconde
Mûrisse toujours nos raisins !
Tout son plaisir, toute sa gloire
C'est de colorer le doux jus ;
Le notre, ami, c'est de le boire...

(Lebrun.)

Cette citation est extraite d'une ode « à un convive astronome. »

Suivant qu'on se ralliera à l'une où à l'autre de ces deux

conceptions, on pourra parcourir ce petit livre ou bien l'on n'ira pas plus loin.

Nous nous adressons en effet à tous ceux qui ont éprouvé quelquefois le besoin de connaître ce qu'on est convenu d'appeler les secrets de la nature ; pour qui l'homme n'est pas seulement matière, mais aussi un être pensant ; et qui, trouvant quelque jouissance à oublier, en certaines heures. les préoccupations ordinaires de la vie, se plaisent à réfléchir et à penser et sont curieux de savoir. A ceux-là nous offrons simplement ces quelques pages qui s'adressent à tout le monde... excepté aux savants.

Laissons à ces derniers toute la gloire, comme aussi tout le labeur au prix duquel ils l'ont achetée, de leurs admirables travaux ; mais ces travaux, d'ailleurs épars, ne sont en outre pas accessibles à tous. Pour nous, nous avons cherché à réunir, sur le sujet qui doit nous occuper, les faits les plus intéressants et le résultat des travaux aussi nombreux que magnifiques qui ont amené la science moderne au point où elle en est aujourd'hui.

Que sommes-nous dans le monde ? Qu'est notre monde dans l'univers ? Que sait-on de précis et de bien acquis sur le soleil qui nous éclaire ?

Telles sont les questions que, peut-être, le lecteur s'est déjà souvent posées et auxquelles nous avons cherché à répondre d'après les documents les plus autorisés.

Nous l'avons fait aussi simplement que possible, mais consciencieusement, en nous réduisant au minimum des développements techniques nécessaires, mais aussi sans nous dérober aux chiffres quand ils étaient indispensables ; et enfin sans jamais sacrifier aux entraînements de l'imagination, faciles en ce sujet, nous nous en sommes tenu à la rigoureuse précision des méthodes scientifiques et des résultats d'observations.

Nous laissons ainsi au lecteur le soin de dégager lui-même la poésie dont, malgré leur aridité apparente, les spéculations purement scientifiques se trouvent comme enveloppées.

« La nature, a dit excellemment un délicat poète, Sully Prudhomme, émerveille d'autant plus qu'on la pénètre davantage. C'est au savant que le poète doit de sentir aujourd'hui l'infini dans tout, dans le ciel et dans le grain de poussière. La science tend où la poésie aspire; toutes deux se rejoignent en se rapprochant de l'inaccessible. »

Mettons-nous maintenant en route pour un voyage à travers l'univers.

UN MONDE

Avant d'essayer de connaître le Soleil en lui-même, avant même que de chercher à préciser le rôle si important qu'il joue et la fonction qu'il remplit vis-à-vis de la terre et de tout le système auquel il communique le mouvement et la vie, il convient de reconnaître la place que tient dans le ciel l'astre du jour, et de se préoccuper de l'importance qu'il peut avoir relativement aux autres éléments de l'univers.

Et d'abord, qu'est-ce qu'un monde?

Par une belle nuit d'été, la voûte céleste offre à celui qui la contemple un spectacle devant lequel il faut, pour n'être pas profondément impressionné, l'étonnante indifférence où l'accoutumance peut amener une âme blasée par un spectacle qu'elle voit tous les jours.

« Si le spectacle que nous offre le firmament, écrivait X. de Maistre, dépendait d'un entrepreneur, les premières loges, sur les toits, seraient hors de prix. »

L'aspect du ciel étoilé est en effet incomparable; mais ce n'est pas, du moins pour tout homme qui sait réfléchir, un spectacle merveilleux qu'on puisse supposer fait à plaisir pour réjouir les yeux des hommes. Tous ces astres qui brillent au firmament et qui, pour sembler fixés comme des lampes d'or à une voûte qui paraît surbaissée par un simple effet d'optique, n'en flottent pas moins, nous le savons, à des distances très différentes il est vrai, mais toutes effrayantes, en la profondeur de l'espace immense; ces nébulosités, pâles lueurs où le télescope, qui exalte la puissance de nos organes, permet d'apercevoir un fourmillement d'étoiles, de soleils plus ou moins semblables au nôtre, tout ce spectacle grandiose élève la pensée bien au delà des limites étroites où s'agite l'humanité. L'horizon s'agrandit démesurément et l'homme, si petit sur la terre qui lui semblait incommensurable, s'écrie éperdu : « Voilà tout un monde ! »

C'est bien plus que cela : c'est, comme nous l'allons voir, un fourmillement de mondes. Parmi ces astres qui brillent sur nos têtes, tous ne se ressemblent pas. Les uns semblent immobiles ; ce sont les *étoiles* dites *fixes*, facilement reconnaissables à la lueur tremblottante et comme vacillante qu'ils émettent et qui constitue le phénomène de la *scintillation*, cette « palpitation » des étoiles. Les autres, à l'éclat plus tranquille et plus doux, paraissent se déplacer dans l'espace ; et les peuples pasteurs de Chaldée, qui suivaient d'un œil curieux et le cœur ému, la marche de ces astres au travers des constellations, les ont désignés sous le nom de *planètes*, c'est-à-dire d'astres errants.

Entre ces éléments divers n'y a-t-il aucun lien, aucune relation? Le mouvement des uns n'entraîne-t-il pas le déplacement des autres? Le repos et l'immobilité apparentes des étoiles ne cachent-ils point un merveilleux et mystérieux mécanisme d'ensemble dont la complexité dérobe l'existence à nos yeux ?

Déjà la course de la Lune, ce fidèle satellite de notre Terre, donne à penser que *Rien* dans ce *Tout* n'est isolé. Il était réservé au génie d'un Newton de concevoir et d'exposer les lois de ce grand rouage prodigieusement compliqué, par le principe, si admirable dans sa simplicité même, de l'*attraction universelle*.

Un monde, pouvons-nous répondre maintenant à la question posée tout d'abord, c'est un système de corps unis par une attraction assez puissante pour les maintenir ensemble, malgré les forces perturbatrices extérieures et les faire graviter autour d'une étoile qui est le *Soleil* de ce monde.

Notre Soleil, à nous humains, est une étoile ; et notre Terre, avec la Lune qui ne la quitte point, n'est qu'un élément, non le plus important, de la flotte des mondes que le Soleil entraîne avec lui et qui lui font cortège.

Le cortège du Soleil. — Éléments qui composent le monde solaire. — Tant qu'on n'a voulu voir dans l'homme que le roi de la création et le maître de la Terre, et dans la Terre que le centre du monde, on ne pouvait espérer se faire de l'univers une idée conforme à la réalité. Il n'est plus personne aujourd'hui qui doute de la sphéricité de la Terre, non plus que de ses mouvements affirmés par Galilée. Le progrès des connaissances, et la juste estime qui s'attache aux observations sincères ont fait justice des erreurs passées...

Mais notre Terre, qui flotte ainsi dans le ciel dont elle fait partie, n'est pas la seule attachée au Soleil. C'est tout un cortège de planètes plus ou moins différentes de la nôtre, qu'il entraîne à sa suite, retenues dans son orbe à des distances très diverses suivant les lois mêmes de la gravitation. Les progrès de la science et des méthodes d'observation enrichissent chaque jour le catalogue de ces astres dont un très petit nombre était connu avant que les lunettes eussent agrandi le champ de la vision humaine, ou que le perfectionnement des méthodes de calcul en eût pour ainsi dire indéfiniment reculé les limites.

Il y a cinquante ans encore, les planètes connues étaient peu nombreuses! Aujourd'hui, le nombre en a été porté à plus de 350 soit par l'observation directe, soit même, (ce qu'on doit peut-être admirer davantage encore) par les déduction des calculs (travaux de Le Verrier : Neptune et Vulcain). Qui peut affirmer après cela que tout est dit sur ce point et qui peut dire ce que nous réserve l'avenir?

> Croire tout découvert est une erreur profonde;
> C'est prendre l'horizon pour les bornes du monde.

Aperçu très sommaire du système planétaire. — Il n'entre pas dans le cadre de ce petit livre de décrire, comme il conviendrait de le faire, le système planétaire.

Nous devons nous borner à dresser pour ainsi dire le catalogue des éléments qui le composent :

Tout d'abord une *étoile :* notre Soleil.

Puis les *Planètes*, parmi lesquelles :

8 *grosses* ainsi réparties :

2 *planètes* dites inférieures ou mieux intérieures (c'est-à-dire entre le Soleil et la Terre).

Mercure et Vénus } sans satellites.
La Terre avec son satellite la Lune.
5 *planètes* supérieures ou extérieures.
Savoir, dans l'ordre de leurs distances au Soleil :
Mars, Jupiter, Saturne, Uranus, Neptune.
La découverte de Neptune par Le Verrier recula les limites

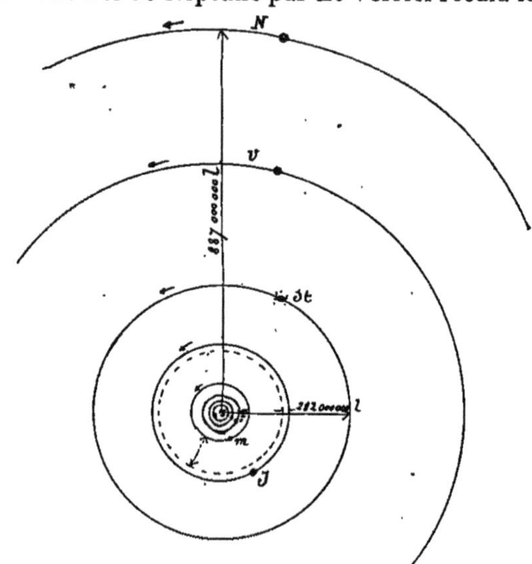

Plan du système solaire.

S Soleil, autour de lui les orbes de Mercure et de Vénus.
T la Terre avec la Lune.
m Mars.
Entre Mars et Jupiter, 330 petites planètes.
J Jupiter.
St Saturne.
U Uranus.
N Neptune.

du système solaire connu à un cercle de 887 millions de lieues de rayon.

Enfin 350 petites planètes ou *planètes télescopiques* (cataloguées jusqu'ici) circulant entre Mars et Jupiter.

Le schema représentatif que nous donnons ici permet de se rendre compte des dispositions et des distances relatives des divers éléments du système.

Le tableau qui suit en fixe les principales particularités à connaître :

TABLEAU D'ENSEMBLE DU SYSTÈME SOLAIRE

		DIMENSIONS relativement À LA TERRE	DISTANCE au SOLEIL	DURÉE DE LA RÉVOLUTION		NOMBRE des SATELLITES
				AUTOUR DU SOLEIL	SUR L'AXE	
	Soleil.................	1.280.000	»	»	25 jours et 1/2	»
Planètes inférieures	Mercure...........	$\frac{1}{18}$	14 millions de lieues.	88 jours.	$24^{h},5'$	0
	Vénus.............	1	26 —	7 mois 1/2.	$23^{h},21'$	0
	La Terre...............	1	38 —	365 jours 1/4.	24 heures.	1
Planètes Supérieures.	Mars...............	$\frac{1}{6,5}$	55 —	1 an 11 mois.	$24^{h},37'$.	2
	Les petites planètes.	Très petites	81 à 130 —	3 à 6 ans.	»	0
	Jupiter.............	1.300	192 —	12 ans.	$9^{h},55'$	4
	Saturne............	864	352 —	30 —	$10^{h},15'$	8 et anneau.
	Uranus.............	75	710 —	84 —	non connue.	4
	Neptune...........	85	1.110 —	165 —		1

Enfin le système planétaire se trouve complété par les *comètes* périodiques ou non et par les essaims d'*étoiles filantes* qui s'y trouvent retenues par l'attraction.

Tel est, en raccourci, l'ensemble de notre monde, de ce système planétaire, dont l'étude détaillée et l'exposé des découvertes relatives aux lois qui le régissent doivent, on le comprend, faire l'objet d'un ouvrage spécial.

Nous nous limiterons, dans ce livre, à l'étude de l'étoile centrale du système, au Soleil dont la seule masse représente plus de 500 fois l'ensemble de tous les corps planétaires, y compris leurs satellites, et dont le volume est environ 1,300,000 fois celui de la Terre où nous nous agitons.

Merveilleux mécanisme de l'ensemble. Tous ces astres que l'énorme globe central retient enchaînés dans l'orbe de son attraction sont entraînés par lui et avec lui, tourbillonnent et se meuvent, tantôt s'éloignant, tantôt se rapprochant et s'évitant sans cesse. Et au milieu de ces mouvements d'apparence si compliqués, parfaitement démêlés aujourd'hui, nulle confusion, nul désordre. Partout, au contraire, apparaissent l'ordre et la simplicité. Les lois de Képler, si merveilleuses par leur simplicité qu'après *dix-sept années* d'observations et de calculs, l'astronome wurtembergeois se demandait avec angoisse s'il n'était pas le jouet d'heureuses et extraordinaires coïncidences, ces admirables lois régissent tous les mouvements des planètes et le monde tout entier obéit au principe général où s'éleva le génie de Newton, de la *gravitation universelle*.

La Terre et toutes les planètes sont en mouvement, mais ce mouvement est soumis à des règles, et ces règles sont maintenant connues. Astres errants! non pas. Ni errants ni perdus. Enchaînées au Soleil qui leur dispense la chaleur et la lumière, elles trouvent en lui le modérateur même de leurs mouvements complexes.

Mais dans tout ce monde qui gravite et roule dans le ciel qu'y a-t-il donc d'immobile? Le Soleil? Non. Les étoiles *fixes* sans doute? Pas davantage.

Le mouvement dans l'univers. — Les *étoiles* prétendues fixes ne nous paraissent telles que par une illusion d'optique et en raison de leur éloignement. Tel un navire ne nous paraît pas, au large, si rapide que soit a marche, se déplacer sur la mer immense, faute de point de epère. Quant à notre Soleil, il n'est qu'une étoile, faible étoile aisant partie, comme tout l'univers visible, de la Voie lactée ans les profondeurs de laquelle il se trouve comme perdu. Si, de notre Terre, il paraît si volumineux et si différent des utres étoiles, il n'en faut pas chercher d'autre raison que sa proximité relative. Tout n'est à cet égard qu'apparence et llusion. Un exemple le fera bien comprendre.

La nébuleuse d'Orion a une superficie égale à celle du disque solaire. Si on la suppose rapprochée de nous non pas même à la faible distance (38 millions de lieues) qui nous sépare du Soleil, mais à celle de l'étoile α du centaure dont la lumière met quatre ans et demi pour parvenir jusqu'à nous, à cette effroyable listance sa surface nous apparaîtrait égale à 160,000 millions de fois celle du soleil ! *Et on ne la voit pas à l'œil nu !!*

Le soleil est donc une étoile et cette étoile est, comme tout le reste, en mouvement. On verra plus loin comment et avec quelle vitesse il tourne sur lui-même. Il a de plus un mouvement de translation, deviné par les géomètres comme une conséquence de la rotation, demontré et précisé par les travaux d'Herschell.

Le Soleil avec tout son cortège est entraîné avec une vitesse de 16 kilomètres à la seconde vers l'étoile μ de la constellation d'Hercule. Celle-ci oscille à son tour vers d'autres régions ; et ainsi les mondes emportent d'autres mondes sur la route éternelle de l'espace infini !

La vérité est que tout dans l'univers est en mouvement. Cela est vrai de la Terre aussi bien que du Ciel ; il n'y a rien d'immuable que la Cause Eternelle.

Un mot sur le Soleil relativement à l'univers sidéral. — Notre Monde est-il unique dans l'univers ? Après ce qui vient d'être dit, la réponse n'est pas douteuse. Le monde solaire n'est qu'un des archipels qui flottent dans l'océan du Ciel ; et, quand on a présente à l'esprit la prodigieuse distance où sont les étoiles les plus voisines et qu'on se rappelle que l'éloignement est la seule raison qui nous fait juger et mal juger des dimensions des étoiles, ces soleils lointains, la comparaison de notre Soleil et de notre Monde n'est pas pour nous faire penser que nous tenons dans l'Univers une place exceptionnelle.

C'est en s'abandonnant à ces réflexions que l'homme

descend de ses vues orgueilleuses, et se trouve amené à une juste estimation du véritable rang qu'il occupe.

Victor Hugo, le poète de toutes les épopées, exprime ces idées touchant la relativité des choses avec une incomparable grandeur :

L'HOMME

Je suis l'esprit vivant au sein des choses mortes...
Je fais voler l'esprit sur l'aile de l'éclair...
Terre, je suis ton roi.

LA TERRE

Tu n'es que ma vermine...
Tu t'en vas dans la cendre, et moi je reste au jour...
Je suis source et chaos, j'ensevelis, je crée...

SATURNE

Qu'est-ce que cette voix chétive qui murmure?
Terre, à quoi bon tourner dans ton champ si borné,
Grain de sable, d'un grain de cendre accompagné;
Moi dans l'immense azur, je trace un cercle énorme...

LE SOLEIL

Silence au fond des cieux, planètes mes vassales !
Paix ! Je suis le pasteur, vous êtes le bétail,
Comme deux chars de front passent sous un portail
Dans mon moindre volcan Saturne avec la Terre
Entreraient sans toucher aux parois du cratère,
Contemplez-moi !...

SIRIUS

J'entends parler l'atome. Allons, soleil, poussière
Tais-toi ! Tais-toi, fantôme, espèce de clarté !
Pâtre dont le troupeau fuit dans l'obscurité.
Globes obscurs, je suis moins hautain que vous n'êtes,
Te voilà-t-il pas fier, ô gardeur de planètes,
Pour sept ou huit moutons que tu pais dans l'azur;
Moi j'emporte en mon orbe auguste, vaste et pur,
Mille sphères de feu dont la moindre a cent lunes.

LA VOIE LACTÉE

Mon éclatant abîme est votre source à tous...
Un groupe d'univers en proie aux passions
Tourne autour de chacun de mes soleils de flammes...

LES NÉBULEUSES

A qui parles-tu donc, flocon lointain qui passes?
Laisse-nous luire en paix, nous, blancheurs des ténèbres,
Nous, les créations !...

L'INFINI

L'être multiple vit dans mon unité sombre.

DIEU

Je n'aurais qu'à souffler, et tout serait de l'ombre.

(*L'Abîme.*)

Le soleil, cet *astre incomparable*, n'est donc qu'une étoile, non certes une des plus importantes. Toutefois, il faut bien convenir que cette étoile, ce Soleil poussière, a pour nous, habitants de la Terre, une exceptionnelle importance. « Guenille si l'on veut, ma guenille m'est chère », disait le bonhomme Chrysale. — Poussière, atome! certes! Mais cet atome qu'est le Soleil en face des géants de l'Univers, n'en est pas moins pour la Terre un globe énorme, un million trois cent mille fois gros comme elle, véritable roi de ce système planétaire tout entier (dont le volume n'est que la 500e partie de sa seule masse,) qu'il maîtrise de ses puissantes attractions et sur lequel il dispense la vie.

A ce titre, il mérite bien qu'on s'occupe un peu de lui. C'est du soleil que nous allons maintenant parler.

Hymne au Soleil. — L'astre radieux et resplendissant qui brille au-dessus de nos têtes n'est pas seulement le centre mécanique et comme le roi du système planétaire qui gravite autour de lui, il en est encore, pour ainsi dire, la véritable raison d'être. C'est à lui que notre monde doit son existence même. Il est, suivant l'heureuse expression de Théon de Smyrne, le *cœur* de cet organisme gigantesque auquel il communique sa vivifiante énergie. Toute la vie de ces astres qui lui font cortège, tous les mouvements qu'ils exécutent, tous les phénomènes qui se produisent à leur surface ou dans les profondeurs de leur masse, ne sont qu'une émanation de la lumière et de la chaleur qu'il leur dispense au cours de l'éternel voyage.

En ce qui concerne la Terre que nous habitons et où nous sommes témoins chaque jour des effets de l'action solaire, est-il besoin vraiment d'insister? Depuis le fruit qui mûrit sur l'arbre jusqu'aux germes qui demeurent enveloppés de ses effluves et survivent dans les profondeurs du sol, toute manifestation latente ou visible de la *Vie* dérive du Soleil. Il est la vie de la Terre, de la Terre qu'il soutient dans l'espace, comme les autres planètes, par les invisibles mais puissants ressorts des attractions planétaires, dont il dirige la course, et pour laquelle, en distribuant les saisons, les jours et les années, il est à la fois « le flambeau qui éclaire, le foyer qui échauffe » et la source féconde de sa vitalité.

« Autant il est certain, écrit Tyndall, que la force qui met la montre en mouvement dérive de la main qui l'a remontée, autant il est certain que toute puissance terrestre découle du Soleil... Chaque manifestation de puissance organique et inorganique, vitale ou physique, a son origine dans le soleil. Sa chaleur maintient la mer à l'état liquide et l'atmosphère à l'état gazeux; et toutes les tempêtes qui les agitent l'une et l'autre sont soufflées par sa force mécanique. Tout feu qui brûle et toute flamme qui brille dispensent une lumière et une chaleur qui ont appartenu originairement au soleil... Considérez l'ensemble des énergies de notre monde, la puissance emmagasinée dans nos houillières, nos vents et nos fleuves, nos flottes, nos armées et nos canons. Qu'est-ce que tout cela? Une fraction de l'énergie du Soleil au plus égale à un 2,150,000,000e de l'énergie totale. »

Telle est, en effet, la part de la force solaire absorbée par la terre.

Il serait superflu d'insister sur cette importance du Soleil dont l'action, à tout prendre, est éminemment bienfaisante pour l'humanité comme pour les êtres qui vivent à la surface de la Terre. Si sa surface mécanique souffle en effet la tempête, c'est d'elle aussi, par contre, qu'on peut dire qu'elle maîtrise l'Océan. « Feuilles, fleurs et fruits, écrit Moleschott, sont des êtres tissés d'air par la lumière. » Cela se pourrait dire aussi exactement de tous les êtres. Et pour l'homme, l'astre par excellence est, à n'en pas douter, l'étoile resplendissante du jour. Il suffit de quelques variations dans son activité pour pénétrer le cœur même des hommes de joie ou de tristesse confuse et instinctive. Le cœur se serre à la seule idée que le flambeau du monde pourrait s'éteindre et interrompre ainsi tout mouvement de vie à la surface d'un globe voué désormais aux ténèbres, à l'immobilité et à la mort.

On connaît le récit fait par Arago du désespoir d'un jeune pâtre au moment d'une éclipse : « Lorsque la lumière disparut tout à coup, le pauvre enfant, au comble de la frayeur, se prit à pleurer et à appeler « *au secours !* ». Il ne revint de son angoisse qu'à la fin du phénomène, lorsque le soleil donna son premier rayon qu'il salua par cette exclamation où éclatait sa joie : « O beau Soleil ! »

C'est là le cri de tout être naïf et impressionnable et l'on y pourrait voir comme un écho de l'antique adoration du Soleil qui se trouve à l'enfance des peuples dans toutes les religions. C'est aussi le transport du poète.

« Astre glorieux, adoré dans l'enfance du monde par la race robuste des géants... Astre glorieux, tu fus adoré comme le dieu du monde avant que le mystère de la création fût révélé... C'est toi qui réjouis le premier le cœur des bergers chaldéens... Roi des astres..., père des saisons, roi des éléments et des hommes, nulle gloire n'égale la pompe de ton lever, de ton cours et de ton coucher![1] »

Mais si l'on veut parler du Soleil comme il convient, si l'on cherche pour frapper l'esprit, des termes réellement adéquates au sujet, ce n'est pas, comme nous l'avons fait remarquer déjà, dans la plus ou moins heureuse expression des poètes, même les plus inspirés, qu'il faut les chercher. Il faut s'adresser à la science, plus grande et plus merveilleuse que la fiction. L'hymme le plus beau qu'on puisse composer pour chanter le Soleil ne vaut pas la réalité.

Qu'avaient imaginé les Anciens pour donner une idée de la grandeur des choses? Ils assignaient au Soleil la grandeur du Péloponèse ou s'extasiaient sur l'énorme distance parcourue par le bouclier de Vulcain dont la chute du haut des cieux exigea, assurent-ils, quatre jours! Ou bien encore le disque du soleil était comparé à une roue étincelante, à un char entraîné par quatre chevaux!

Étrange grandeur! singulières comparaisons! Combien plus éloquents sont les chiffres exacts.

Laissons donc la parole à la science :

Estimation et mesure de l'éclat et de la chaleur du Soleil. — Il ne nous suffit point de savoir que le Soleil est la source de lumière la plus éblouissente qui soit connue. Il faut encore en mesurer l'éclat. Le problème n'est pas aisé et les résultats obtenus par les expérimentateurs qui se sont attachés à sa solution sont loin d'être tous concordants. Nous nous bornerons à signaler les chiffres obtenus par les physiciens les plus éminents. C'est à Bouguer (1725), bien qu'il eût été précédé dans cette voie aux XVIe et XVIIe siècles (Huygens), qu'on doit les premiers résultats un peu précis. D'après ses expé-

1. Lord Byron.

riences photométriques, dans le détail desquels nous ne pouvons entrer ici, le *Soleil éclaire au zénith par un ciel bien pur* 75,000 *fois autant qu'une bougie placée à* 1 *mètre de distance de l'objet éclairé.*

Suivant une méthode un peu différente, *Wollaston* (1799) arriva à un chiffre un peu moindre : 68,000 bougies.

En utilisant des sources de lumières plus vives et se rapprochant par conséquent davantage de l'éclat du soleil, soit la lumière Drummond, soit l'arc voltaïque, M. Ed. Becqueul, et, plus tard, MM. Fizeau et Foucault sont arrivés à des évaluations ayant un caractère de plus grande précision.

On admet aujourd'hui que la lumière du Soleil équivaut à celle de

1 septillion 575 sextillions de bougies.

ou

157 sextillions 500 quintillions de lampes Carcel.

Disons encore que, comparée à la lumière émise par d'autres astres, celle du Soleil vaut :

470,000 fois celle de la pleine lune,
622,000,000 — de Vénus,
5,900,000,000 — de Sirius.

Quant à l'*éclat intrinsèque* (qu'il ne faut pas confondre avec le pouvoir éclairant), on le peut définir et mesurer par la comparaison de l'*éclat d'une portion de la source éclairée avec celui d'une égale surface d'une source prise comme unité.* Cette unité étant la bougie, les chiffres obtenus, tant par Arago que par E. Becqueul, et déduits des observations photométriques de Bouguer et Wollaston, oscillent entre

32 704 et 186 400.

Il n'est pas inutile de faire remarquer que la lumière qui nous vient du Soleil doit nécessairement traverser notre atmosphère dont les couches, plus ou moins chargées de vapeur d'eau et de fines poussières en suspension, retiennent une certaine part de l'afflux lumineux. Il y a là un élément de correction que nous nous bornons à signaler.

Inégalité de l'éclat du disque solaire dans ses diverses parties. — Etudié d'un même poste d'observation, de la Terre, qui est notre observatoire naturel, le disque solaire ne présente pas une égale répartition de lumière à sa surface. C'est au *centre* qu'on observe le *maximum d'éclat*; l'intensité lumineuse des *bords* est plus *faible*.

Bouguer qui le premier appela l'attention sur ce fait évalue à $\frac{48}{35}$ le rapport des intensités au centre et sur les bords. Après lui Arago, et le Père Secchi, dont le nom ne peut être oublié quand il s'agit de l'étude du soleil, sont arrivés à une estimation très différente : $\frac{4}{1}$ ou $\frac{3}{1}$ sans qu'il soit possible de se rendre compte de ces divergences.

Quoi qu'il en soit, si l'on n'est pas d'accord sur le rapport numérique qui exprime la différence d'éclat des diverses parties du disque, il n'y a du moins aucun doute sur la réalité du fait en lui-même... et la photographie l'a enregistré. C'est un fait intéressant à noter et à retenir car il a une grande importance au point de vue des recherches sur la constitution physique du Soleil.

Remarque sur les moyens et précautions à observer pour l'étude directe du Soleil. C'est la première fois que nous nous trouvons amené à parler de l'observation directe du disque solaire. Nous aurons à y revenir, notamment pour l'observation des éclipses et l'étude des taches. Mais le fait de l'inégalité d'éclat du centre et des bords du Soleil nous fournit l'occasion de nous mettre en garde contre une erreur d'interprétation... et aussi, une fois pour toutes, contre les accidents les plus graves.

La surface du disque, qu'il s'agisse des régions marginales ou de la portion centrale, est toujours *éblouissante;* c'est le mot exact; et l'on ne saurait la fixer sans danger, à moins de profiter du passage d'un nuage d'épaisseur convenable dont l'interposition laisse encore apercevoir le disque tout en en éteignant l'insupportable éclat.

Que si, à la vision directe de l'œil nu, on substitue l'observation au moyen d'instruments dits grossissants, lunettes ou télescopes, le danger s'en trouve augmenté et l'on court le risque de se brûler littéralement les yeux.

Aussi convient-il de se servir de verres noircis ou d'instruments spéciaux nommés hélioscopes. S'il s'agit de télescopes à réfraction, c'est-à-dire de lunettes, on trouve avantage à utiliser une disposition fort ingénieuse due à Foucault, je veux dire la *demi-argenture* de l'objectif. La faible couche d'argent disposée à la surface extérieure du verre objectif suffit à renvoyer par réflexion une portion des rayons de lumière, sans empêcher celle-ci de traverser le verre pour former l'image; cette image atténuée, adoucie, et noyée dans la lumière bleue due au passage à travers l'argent, peut être examinée sans danger.

Rappelons d'ailleurs qu'en toute circonstance, lorsqu'on a de fréquentes occasions d'*observer*, il convient de ménager ses yeux et n'oublions pas que Galilée et Cassini sont morts aveugles.

Variation de l'intensité éclairante du soleil sur les divers astres du système. — Ce qu'on vient de dire relativement à l'éclat présenté par le disque solaire se rapportait, comme nous l'avons explicitement exprimé, au cas d'observations faites d'une même station. Il est bien clair que si nous supposons l'observateur notablement rapproché ou au contraire éloigné du soleil, transporté par exemple sur Mercure ou sur Neptune, les choses doivent prendre une autre apparence. C'est ce qu'il est facile de comprendre; et c'est bien d'une apparence qu'il s'agit, car l'*éclat intrinsèque* ne saurait évidemment changer. Tout se passe seulement pour l'observateur ou pour la planète sur laquelle nous le supposons avoir transporté son observatoire, comme si le globe étincelant se trouvait rapproché considérablement ou reculé dans les profondeurs du ciel.

De même que, nous le verrons, les dimensions apparentes de l'astre changent en ce cas singulièrement; de même et par suite, celui-ci devra-t-il apparaître plus ou moins éclatant. Et pour ce qui est d'évaluer les quantités de chaleur et de lumière qui parviennent à chaque planète, il suffit de se rappeler qu'elles varient en raison inverse du carré des distances.

Si l'on prend comme unité la quantité reçue par la planète la plus éloignée du système (Neptune), le calcul donne pour Mercure, la plus rapprochée, le nombre 7,000.

Le Soleil source de chaleur pour la terre. Nous ne nous occuperons que de cette cause de l'entretien de la température terrestre, parce que, s'il est vrai que les physiciens et les naturalistes en reconnaissent d'autres, à savoir la chaleur interne et celle qu'abandonnent à notre globe qui les traverse, les espaces interplanétaires où elle était emmagasinée, c'est encore et toujours au Soleil qu'il faut faire remonter l'origine de ces provisions thermiques.

Il s'agit donc de mesurer et d'estimer l'intensité de la chaleur solaire déversée sur notre globe.

A cette mesure servent les instruments qu'on nomme des *Pyrheliomètres*. Nous ne pouvons nous arrêter ici ni à leur description ni à leur mode d'emploi. Bornons-nous à fixer quelques résultats obtenus :

Le Soleil envoie en une minute sur chaque mètre carré du sol qu'il frappe perpendiculairement une quantité de chaleur égale à 17633 calories[1]. — Pour en déduire la quantité totale que la *totalité* de la surface terrestre reçoit en une année, le calcul est aisé, sinon simple.

Evalué en travail mécanique, il ne s'agit rien moins que de 510 sextillions de kilogrammètres ou bien encore 217,316,000,000,000 chevaux-vapeur.

Mais, au delà de certaines limites, les chiffres ne disent plus rien et restent sans signification pour l'esprit

Voici, pour mieux faire comprendre l'importance de cet afflux de chaleur ce qu'en dit Pouillet : « Si la quantité totale de chaleur que la Terre reçoit du Soleil dans le cours d'une année était uniformément répartie sur tous les points du globe, et qu'elle y fût employée sans perte aucune à fondre de la glace, *elle serait capable de fondre une couche de glace qui envelopperait la Terre entière et qui aurait une épaisseur de près de 31 mètres.* »

Telle est l'énorme quantité de chaleur envoyée par le Soleil à la Terre ! Il est juste de remarquer que celle-ci n'en reçoit qu'une portion soit environ $\frac{1}{2\,150\,000}$, le surplus se trouvant absorbé par l'atmosphère et plus spécialement par la *vapeur d'eau*.

Le pouvoir absorbant de la vapeur d'eau est considérable. Faute d'y songer on serait embarrassé pour s'expliquer le

---

1. La calorie est la quantité de chaleur nécessaire pour élever de 0 à 1° un kilogramme d'eau. Une calorie équivaut à 425 kilogrammètres.

fait suivant, constaté par le P. Secchi : l'intensité des radiations solaires est *moindre en été qu'en hiver*. Rien de plus simple si on se rappelle que l'atmosphère contient, l'*été*, une proportion notablement supérieure de vapeur d'eau.

On comprendra de même pourquoi l'intensité des radiations augmente au sommet des montagnes où la couche atmosphérique susjacente est *faible* et *peu humide*.

Hâtons-nous d'ajouter que cette double circonstance qui favorise et rend doublement facile l'afflux direct des radiations que rien ne vient entraver ou retenir, n'empêche pas dans ces mêmes parages le *froid excessif*.

Ces résultats, en apparence contradictoires, n'ont rien pourtant qui doive étonner les personnes à qui sont familières les questions de physique touchant la chaleur et qui savent que l'air *absorbe* très peu de chaleur et doit par conséquent demeurer *froid* alors que, sous l'action directe des rayons solaires, peut s'élever beaucoup la température des objets plongés au sein de ce même milieu froid.

Chaleur intrinsèque du Soleil. — Si l'on cherche maintenant la quantité de chaleur que le Soleil envoie par minute sur 1 mètre carré, on trouve 17 633 colories.

Ce qui, tous calculs faits, donnerait, en calories pour la radiation solaire totale, *toujours en une minute*, le nombre formidable 48 4700000000000000000000000000 qui, certes, ne nous représente plus rien. C'est, d'après Pouillet, la chaleur nécessaire pour fondre *par minute*, une couche de glace de 11m,80, appliquée sur le globe solaire. En un jour l'épaisseur susceptible d'être fondue serait portée à 17 kilomètres.

Ou bien encore disons avec Tyndall que « la chaleur émise par le soleil en une heure est égale à celle qui serait engendrée par la combustion d'une couche de houille de 27 kilomètres d'épaisseur. »

Forme et dimensions du Soleil. — Si l'on excepte le *apparences* plus ou moins singulières que présente le contour du disque solaire, dans des circonstances exceptionnelles (voisinage de la mer, proximité de l'horizon), où les phénomènes de réfraction atmosphérique interviennent pour le déformer; si on l'observe dans de bonnes conditions normales, le Soleil présente un disque *rigoureusement circulaire*.

On s'en assure en observant l'astre avec une lunette dont le réticule se trouve muni de deux fils parallèles dont l'un est fixe, l'autre mobile.

Après les avoir amenés à être tous deux tangents aux bords opposés de l'image, si l'on vient à faire tourner la lunette autour de son axe de figure, on constate que l'image ne cesse pas d'être exactement comprise entre les deux fils tangents.

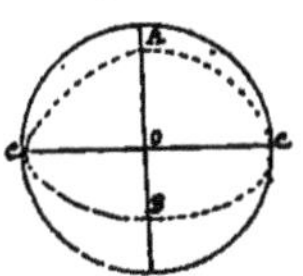

Figure montrant l'applatissement présenté par le disque solaire au voisinage de l'horizon. L'aplatissement est surtout marqué dans la partie inférieure.

Ce même instrument peut même être utilisé pour servir à mesurer le *diamètre apparent* du disque : il suffit que la vis qui permet le déplacement du fil mobile, soit munie d'un tambour gradué.

On a trouvé ainsi 32′ environ. Il est bien entendu qu'il ne s'agit ici que du *diamètre apparent*, c'est-à-dire de l'angle sous lequel *se voit* le diamètre du disque : il n'est nullement question de dimensions réelles. Cette valeur de 32′, soit un peu plus de $\frac{1}{2}$ degré, représente en effet, à peu de chose près, les dimensions apparentes du disque lunaire ! Ce n'est que par un effet de perspective que ces deux astres, si peu comparables, le Soleil, globe énorme, et la Lune ce « grain de cendre » nous *paraissent* de même grandeur. L'extraordinaire différence d'éloignement est la seule cause de cette illusion.

Déformations singulières du Soleil à l'horizon d'après les observations faites à Dunkerque par Biot et Mathieux.

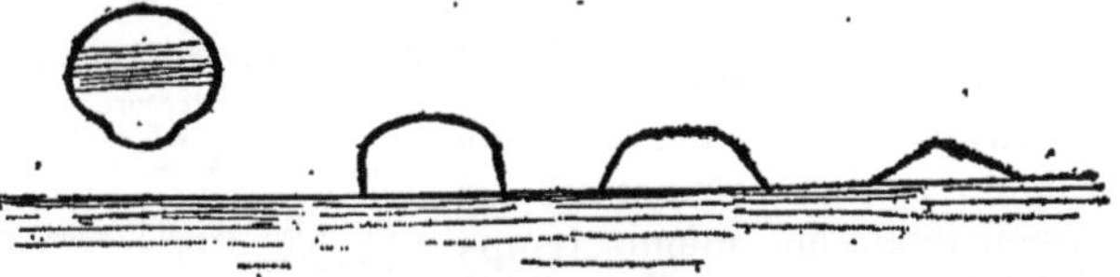

C'est là, d'ailleurs, un fait absolument général. Que le Soleil se trouve plus ou moins rapproché de la Terre dans la course que celle-ci accomplit autour de lui, son diamètre apparent, *vu de la Terre*, s'en trouve *nécessairement* augmenté ou diminué. La différence est, il est vrai, insensible; mais le fait n'en mérite pas moins d'être retenu parce qu'il a pour conséquence l'inégalité des quantités de chaleur reçues par la Terre aux diverses époques suivant les dimensions apparentes de la surface rayonnante du Soleil.

Il faut bien se garder à ce propos de faire la confusion entre le mécanisme de ces variations, *dues aux variations mêmes du diamètre apparent du Soleil* et celui qui produit les *Saisons* à la surface de la Terre. La théorie physique des Saisons que nous n'avons pas à faire ici, ne pourrait en effet rendre compte de ce résultat, en apparence contradictoire, à savoir que, pour les motifs invoqués plus haut, c'est-à-dire les variations des diamètres apparents du Soleil, la Terre reçoit *plus* de chaleur et de lumière au 1er *janvier* qu'au 1er août et au 1er octobre. Elle en reçoit *moins* au contraire au 1er *juillet*.

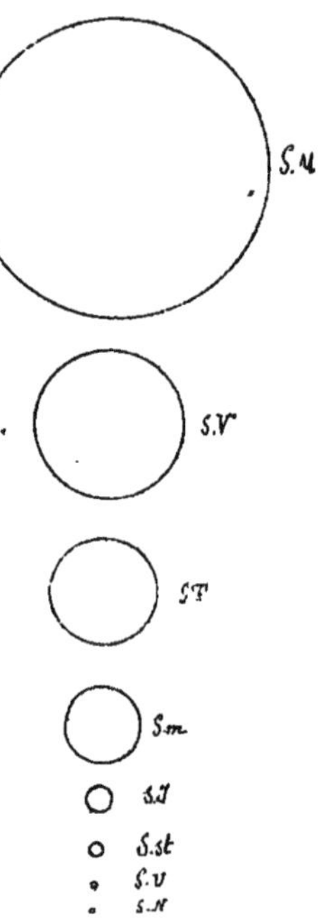

Le Soleil vu des différentes planètes.
SM vu de Mercure. — SV vu de Vénus. — ST vu de la Terre. Sm vu de Mars. — SJ vu de Jupiter. — Sst vu de Saturne. Su et SN vu d'Uranus et de Neptune.

Le Soleil vu des différentes planètes. — Si l'on veut se rendre compte de l'importance que peuvent atteindre ces variations dans les dimensions apparentes, il suffit de considérer des distances de plus en plus grandes, séparant l'observateur de l'astre observé[1]. Qu'on veuille bien se supposer successivement transporté sur chacun des astres de notre monde jusqu'aux limites les plus reculées du système planétaire, et les dimensions, en même temps que l'éclat rayonnant du soleil, décroîtront suivant la distance depuis Mercure jusqu'à

1. On verra que le volume du Soleil est 1 280 000 fois environ celui de la Terre. La Lune n'est que la 40e partie de cette dernière.

Neptune. On a calculé que sur Mercure, la planète la plus rapprochée et d'où le Soleil est vu sous le plus grand angle, la chaleur et la lumière sont 6 673 fois plus intenses qu'à la surface de Neptune. Il est juste d'ajouter qu'aux confins mêmes du monde planétaire, là où le diamètre apparent du Soleil se trouve réduit à 1′ 4″, l'éclat du Soleil équivaut encore à 44 millions celui d'une étoile de première grandeur.

Tout autre serait le résultat, si, quittant les limites étroites de notre monde, on supposait le Soleil reculé dans les profondeurs du ciel à l'effroyable distance qui nous sépare des étoiles les plus voisines. La plus rapprochée de nous, l'étoile α du Centaure, est 230 000 fois plus éloignée de nous que le Soleil. Supposé en cette position, le Soleil n'aurait plus pour nous de dimensions sensibles, et n'apparaîtrait que comme une étoile tremblottante ; à la distance de Wega, il cesserait presque d'être visible à l'œil nu.

Par contre, les *points* brillants auxquels se réduisent pour nous les étoiles dont on vient de parler, deviendraient pour peu qu'on les rapprochât de la Terre, autant de soleils étincelants. Cela est vrai de toutes les étoiles; et c'est la base même de l'assimilation qu'on établit entre les étoiles et notre Soleil. Celui-ci n'est qu'une étoile, dont la proximité relative fait seule les dimensions apparentes considérables. Toutes les étoiles du ciel doivent être considérées comme autant de soleils dont les dimensions et l'éclat sont comme perdus dans les profondeurs de l'espace infini.

Distance du Soleil à la Terre. — Les anciens étaient bien loin, nous l'avons vu, de se rendre compte des véritables dimensions du Soleil, que les plus audacieux faisaient grand comme le Péloponèse. Cela tient à ce qu'ils ne pouvaient se rendre compte davantage de la prodigieuse distance où l'énorme globe étincelant se trouve de notre terre qu'il entraîne à sa suite. Une fois connus les rapports qu'ont entre elles les dimensions du système solaire, il suffit de mesurer l'une d'elles pour obtenir les autres.

Nous ne pouvons essayer d'indiquer ici, même succinctement, les méthodes qui ont permis de mesurer la distance moyenne du Soleil à la Terre.

Ces méthodes sont exposées dans des ouvrages spéciaux

de cosmographie auxquels nous renvoyons le lecteur. Indiquons seulement les résultats.

Par des voies différentes, en se fondant soit sur les *aberrations, et sur la vitesse de la lumière*[1] *déterminée à la surface de notre globe*, soit par la détermination de *la parallaxe* de Mars ou bien encore par l'observation des *passages de Vénus* sur le Soleil, les astronomes sont arrivés pour la distance moyenne de la Terre au Soleil, au chiffre de 24,000 rayons terrestres soit 38,200,000 lieues.

Il ne faut pas considérer un tel chiffre comme absolu; c'est d'ailleurs, nous venons de le dire, une moyenne. Il résulte en effet de la forme de la courbe décrite par la Terre autour du Soleil que sa distance à cet astre n'est pas la même par tous les points. Il s'en faut de beaucoup, puisqu'en hiver nous sommes plus près du soleil qu'en été, de 1,250,000 lieues.

Si, pour mieux nous imaginer les choses, nous rapportions ces mesures aux dimensions de notre globe et cherchions à exprimer la distance en rayons équatoriaux, nous trouverions un chiffre *moyen* de 23,190.

Comme notre Terre, qui a pu parfois nous paraître si grande, est peu de chose en regard de ces effrayantes distances ! Que nous sommes donc éloignés de ce Soleil, dont la lumière, marchant au taux de 298,000 kilomètres à la seconde, ne nous arrive qu'après 8 minutes 16". Le son, moins rapide de beaucoup, mettrait près de quatorze ans pour faire le même trajet. Un train de chemin de fer qui marcherait à 100 lieues par jour, pourrait en un peu plus de cinq années aller jusqu'à la lune[2], en faire le tour et revenir; pour arriver jusqu'au soleil avec la même marche, il lui faudrait plus de mille ans !

Et nous avons pu dire que le soleil était une étoile fort rapprochée de nous ! Oui certes, par rapport aux autres étoiles. Tout est relatif, et il est bon d'accoutumer l'esprit à ces comparaisons. Assurément, si l'on se rapporte aux dimensions du globe terrestre, la distance de 38 millions de lieues qui nous sépare du Soleil doit nous paraître effrayante,

---

1. La vitesse de la lumière à la surface de la Terre fut trouvée par Foucault égale à 298,000 kilomètres à la seconde ; la Terre dont la vitesse est 10,000 fois moindre parcourt donc 29 kilomètres, 800 mètres par seconde.

2. La Lune n'est éloignée de nous que de 60 rayons terrestres.

mais cette distance elle-même, que devient-elle en présence des profondeurs du monde sidéral ?

Dans un rayon cent mille fois aussi grand que la distance de la Terre au Soleil, on pourrait voyager cent millions d'années à 100 lieues par jour sans rencontrer aucune étoile sur sa route. Une des étoiles les plus voisines de nous, la 61e de la constellation du Cygne, brille à une distance évaluée par Bessel à 600,000 fois celle qui nous sépare de notre Soleil !

600,000 fois 38 millions de lieues ! La lumière de cette étoile met dix années pour parvenir jusqu'à nous. Et c'est là pour le dire en passant un fait bien curieux, vrai pour toutes les étoiles. Ces astres que nous voyons ou *croyons voir* briller au ciel, sont si loin, si loin perdus dans les abîmes de l'espace que la lumière, ce messager rapide qui dévore environ 75,000 lieues par seconde, en est partie depuis dix, cent, mille années et plus. Ces soleils sont peut être éteints depuis des siècles sans que nous ayons pu en recevoir encore la nouvelle. A ce taux notre Soleil, dont la lumière nous parvient en un peu plus de 8 minutes, est bien une étoile *voisine*.

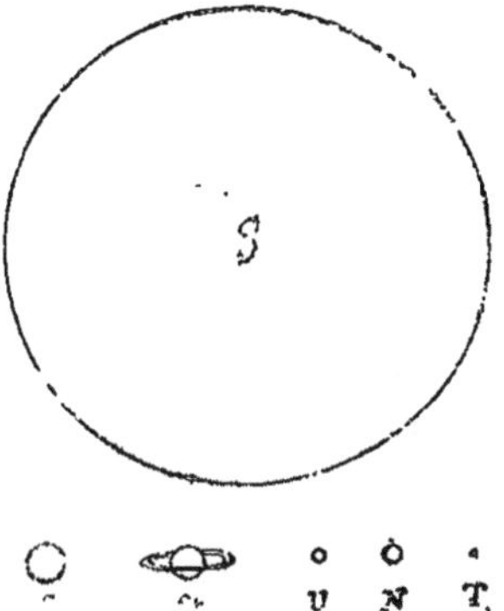

Dimensions comparées du Soleil et des principales planètes.

S Soleil.	V Uranus.
J Jupiter.	N Neptune.
St Saturne.	T Terre.

Véritables dimensions du Soleil. — Quoi qu'il en soit, pour que, à cette *faible* distance de 38,000 lieues, le Soleil nous apparaisse avec le diamètre apparent que nous lui voyons, il faut que ses dimensions soient considérables.

En effet, et sans qu'il soit besoin d'exposer les méthodes employées pour arriver à ces résultats, le diamètre du Soleil est 1,384,856 kilomètres, son volume, 1,390,630,000 de kilomètres cubes. Il vaut environ 1,283,744 globes terrestres.

On voit par là qu'une terre de plus ou de moins ajoutée ou prélevée à la masse du Soleil, cela n'aurait pas grande importance. Et c'est une remarque qu'il est bon d'avoir présente à l'esprit lorsque, dans l'étude du mécanisme qui entretient l'énergie solaire, on cherche quelle serait la conséquence de la chute sur l'énorme globe des corps qui s'y peuvent précipiter.

La figure ci-jointe montre aux yeux le rapport qui existe entre l'orbite de la Lune et le contour du disque solaire.

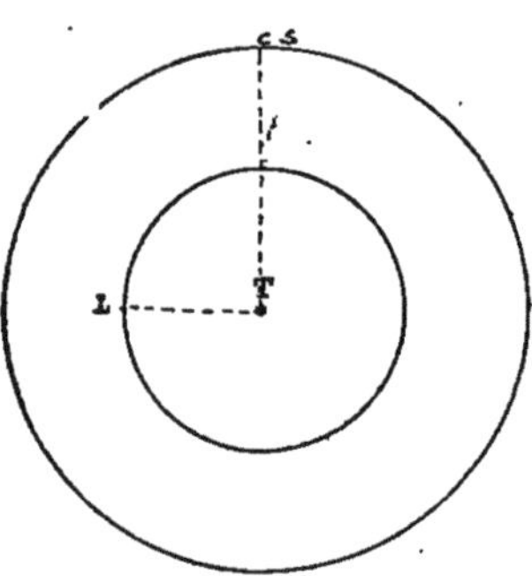

Dimensions comparées de la Terre, du Soleil, et de l'orbite de la Lune.

T Terre.
LT Rayon de l'orbite de la Lune.
TcS Rayon du disque solaire.

Une pièce d'argent de 20 centimes et un tas formé par 50,000 pièces de 5 francs du même métal peuvent servir à donner une idée des volumes comparés du Soleil et de notre Terre infime.

Enfin les calculs fondés sur les lois de la gravitation universelle ont permis d'évaluer la *masse* du Soleil. Elle est égale à 324,000 fois celle de la Terre ; le Soleil *pèse* donc autant que 324,000 Terres ; sa *densité* est représentée par moyenne 1,38, celle de la terre étant 5,44, et l'*intensité* de la pesanteur à sa surface est telle qu'un corps doit parcourir en tombant 135 mètres pendant la première seconde de la chute et acquérir au bout de ce temps une vitesse de 270 mètres.

Ces résultats et les méthodes employées pour les obtenir se trouvent consignés dans les traités de cosmographie pure. Ce n'est pas ici, dans ce petit livre, destiné seulement à attirer l'attention et à fixer les idées sur les grandes lignes de l'univers, le lieu d'y insister. Nous ne nous y arrêterons pas davantage.

Rotation du Soleil. — Taches de la surface. — Le Soleil est animé d'un mouvement de rotation autour de son axe. Il tourne sur lui-même comme la terre, d'un mouvement uniforme mais *beaucoup plus lent*, la durée de cette rotation étant de 25 jours, 57. C'est à la lenteur de ce mouvement qu'il faut attribuer ce fait, que nous avons déjà reconnu, l'égalité absolue de tous les diamètres du disque. Il n'y a pas d'aplatissement polaire, ou du moins il est insensible à nos moyens d'observation.

La découverte de la rotation du Soleil est due à la présence de signes remarquables, appelés *taches*, qu'il est facile d'apercevoir se dessinant en sombre sur le fond éblouissant du disque. Le mouvement de ces accidents de la surface solaire a révélé celui de l'astre lui-même. Ce mouvement avait été pressenti, deviné par Giordano Bruno et par Kepler. La découverte des taches en apporta la démonstration.

Bien qu'il y ait parfois des taches qu'il est possible d'apercevoir à l'œil nu, c'est à l'aide d'instruments d'optique qu'il faut les examiner pour les étudier; et c'est par l'emploi des lunettes qui venaient d'être inventées et par qui l'homme se trouvait véritablement doté d'un organe nouveau, que la présence des taches sur le Soleil fut pour la première fois observée et signalée au début du XVIIe siècle. Le premier honneur en revient à l'astronome hollandais Jean Fabricius. Est-il besoin de dire avec quelle froide réserve la nouvelle de taches au Soleil fut accueillie par ceux qui prétendaient s'en tenir au dogme scolastique de l'incorruptibilité des cieux? Le Père Scheiner qui reconnut ces taches à peu près en même temps que Fabricius et Galilée en fit part à son provincial dont il obtint la réponse suivante : « J'ai lu d'un bout à l'autre les œuvres d'Aristote et n'y ai rien trouvé de semblable. Allez, mon fils, tenez-vous tranquille, et croyez bien que les taches que vous dites voir sur le Soleil sont dans votre lunette ou dans votre œil. »

A l'heure actuelle tout le monde connaît l'existence de ces taches: personne, même en dehors du monde savant, ne doute de leur réalité; et l'expression « il y a des taches sur le Soleil » est devenue une sorte de locution proverbiale qui tend à reconnaître et à excuser en même temps les faiblesses, en constatant que la perfection n'existe pas.

Quandoque bonus dormitat Homerus

dit l'adage littéraire ; le sens est le même.

Quant au monde savant, il lui serait difficile de contester le phénomène des taches dont la forme, les dimensions et les diverses particularités sont continuellement observées, décrites, figurées... et enregistrées par la photographie. A la tête du mouvement, un illustre jésuite, le P. Secchi s'est distingué dans l'étude de cette question où il fait autorité.

Quelle est la nature de ces accidents que Fabricius fut si surpris d'observer à la surface du Soleil et dont il suivait avec autant de curiosité que d'anxiété la marche, la disparition... et la réapparition.

Appartenaient-ils réellement au Soleil ?

L'astronome hollandais sut parfaitement interpréter les diverses particularités des mouvements des taches, et particulièrement le ralentissement éprouvé sur les bords du Soleil, ralentissement dans lequel, très judicieusement, il trouva la preuve de l'uniformité de rotation de l'astre. Il comprit (ce que n'avait pas fait Scheiner, pour qui ces points sombres étaient produits par l'interposition d'astres obscurs passant, comme le fait Vénus, entre le disque du Soleil et la Terre), il comprit que les taches appartenaient au Soleil, qu'elles faisaient corps avec lui, et ne songea pas à chercher d'autre explication au mouvement de révolution dont elles étaient animées que la conversion c'est-à-dire la rotation du Soleil. « Car sans cela, écrit-il, je ne sais ce que nous ferions de ces taches. » On ne pouvait tirer de conclusion plus exacte ; Galilée s'est attaché à préciser les éléments du phénomène et a établi la durée de visibilité des taches, durée qu'il a fixée à environ 14 jours.

Cassini, Lalande, Laugier ont de nos jours étudié avec soin les lois de cette révolution de la surface solaire et des taches y adhérentes. Le mouvement qui a lieu d'Occident en Orient comme tous les mouvements du système solaire a une durée d'environ 27 jours et 4 heures ; un peu moindre en réalité si l'on tient compte du mouvement de la Terre, mouvement *de même sens* qui emporte l'observateur en même temps que la tache qu'il observe.

Quand nous aurons dit que les *taches solaires* ne se montrent pas partout sur la surface du disque, mais sont limitées à une zone voisine de l'équateur, et signalé la courbure des trajectoires comme résultant de l'inclinaison de l'équateur solaire sur le plan de l'orbite terrestre, il ne nous restera plus qu'à nous demander, qu'à demander plutôt à l'observation ce que sont en réalité ces taches du Soleil, quelle est leur véritable nature, leur cause, leur origine et leur mode de formation.

Périodicité des taches. — Les taches solaires sont soumises à une loi générale, dont la cause n'est pas connue, mais qui ne laisse pas que d'être fort remarquable. Elles croissent et décroissent périodiquement suivant un rythme de onze ans environ ; c'est ce qu'on appelle leur *périodicité undécennale.*

Le mois de novembre 1889 marque la date du dernier minimum. Depuis cette époque où le phénomène était descendu jusqu'à zéro, les taches se sont montrées à nouveau, chaque jour plus nombreuses et plus grandes. Ces dernières années furent marquées par une vive recrudescence ; et, en 1892, le phénomène atteignit une remarquable ampleur. Au mois de février de cette même année, une tache immense, de 115 secondes de diamètre, c'est-à-dire plus de *six fois la largeur de la terre*, parfaitement visible à l'œil nu, a parcouru en 13 jours le disque du Soleil, sur lequel on a pu la suivre jusqu'à sa disparition par le bord occidental (18 février).

Non moins remarquables ont été les projections et les éruptions dont se complique à l'ordinaire le phénomène des taches. Certaines d'entre elles atteignirent, au mois de mai, l'effroyable hauteur de 92,000 kilomètres.

Relations magnétiques. — Est-il permis de penser, quand on a présente à l'esprit l'étroite dépendance où la terre, comme tous les éléments du système, se trouve vis-à-vis du Soleil, est-il permis de concevoir que de pareilles fluctuations, que ces formidables tourmentes qui bouleversent la surface de l'océan solaire n'aient pas quelque retentissement sur notre monde et ne se traduisent pas sur la Terre par des perturbations importantes ?

Il ne peut plus y avoir de doute aujourd'hui sur ce point. La correspondance entre le magnétisme terrestre et l'apparition des taches est un fait désormais acquis à la science ; la magnifique tache du mois de février 1892 a coïncidé avec une perturbation magnétique considérable, dont on a ressenti et enregistré les effets, dans tous les Etats d'Europe et jusqu'en Amérique. A cette même époque, en différents endroits du globe, les appareils télégraphiques se sont trouvés arrêtés, tandis qu'une magnifique aurore boréale envahissait le ciel illuminé.

Pour ce qui est des *projections ou éruptions solaires*, qui, non seulement sont l'accompagnement ordinaire du phénomène des *taches*, mais qui ont, en général, leur siège dans la région même où s'observent ces accidents, l'idée de leur connexion avec les perturbations magnétiques, signalée il y a près de vingt ans et accueillie, à l'époque, avec quelque scepticisme et sous toutes réserves, ne rencontrent plus guère aujourd'hui de contradicteurs.

Les observations se sont en effet accumulées, et les archives scientifiques s'enrichissent chaque jour de nouvelles communications, dont le nombre et la concordance prennent la valeur d'une véritable démonstration. L'importance de cette notion, relativement nouvelle, nous engage à préciser les faits par quelques exemples choisis parmi les plus récents ou les plus remarquables[1].

Le 10 avril et le 7 octobre 1880, le 23 novembre 1884 et le 26 juin 1885, des éruptions solaires, observées tant en France qu'aux États-Unis, ont coïncidé avec des perturbations magnétiques enregistrées à Pawlowsk (près de Saint-Pétersbourg) en même temps qu'à l'observatoire du parc Saint-Maur et constatées à la fois par M. H. H. Wild et par MM. Mascart et Moureaux.

Le 16 août 1885, l'observation d'une éruption solaire a correspondu avec une perturbation magnétique des trois éléments, surtout de la composante horizontale, perturbation constatée par M. Wild, à Pawlowsk.

Le 17 juin 1891, une semblable éruption coïncida, *à une minute près*, avec une perturbation de la déclinaison, légère à la vérité, mais *extrêmement brusque*. Enregistré à l'observatoire de Greenwich, le phénomène fut signalé par M. H. Turner.

Enfin la formidable éjection solaire du 11 juillet 1892, où le jet de flamme atteignit l'exceptionnelle hauteur de 427,000 kilomètres (plus de quarante fois le diamètre entier de la Terre), s'inscrivit au magnétographe du parc Saint-Maur par une perturbation de 23 minutes constatée par M. C. Ed. Guillaume.

Voilà des faits bien précis et qui parlent d'eux-mêmes. En présence de ces résultats, il paraît difficile de ne pas souscrire à la conclusion ainsi formulée par M. Trouvelot : *les grandes*

---

1. Ces détails sont empruntés à M. E.-L. Trouvelot, de l'observatoire de Meudon.

éruptions solaires ont un retentissement plus ou moins marqué sur notre globe où elles se manifestent par des perturbations de l'aiguille aimantée et quelquefois par des aurores polaires.

Rappelons enfin les observations récentes de M. Zenger, et les conclusions qu'il en a tirées, touchant la relation qui existerait entre le phénomène des taches et les fluctuations de *l'écorce* terrestre ; cette relation mérite d'être suivie et étudiée de près ; on sait en effet que de récentes perturbations séismiques (tremblement de terre de Constantinople) paraissent confirmer les idées du savant astronome de Prague.

Dernier état. — Les années qui viennent de s'écouler, 1893 et 1894, n'ont pas été en effet moins fécondes au point de vue de l'activité solaire. Elles marquent même le maximum de la périodicité undécennale, maximum très supérieur en valeur absolue au dernier qui fut observé en 1883.

Les mois d'août et de décembre 1893, février 1894 et juillet et août de la même année, ont particulièrement fourni à l'observation des taches extraordinairement nombreuses (jusqu'à 130 à la fois le même jour) ; et l'une d'elles, où l'on a pu reconnaître un mouvement cyclonique très accusé (tout à fait en rapport avec la théorie qu'en a donnée M. Faye, apparaissait formée de plusieurs noyaux, dont la totalité mesurait 150,000 kilomètres de diamètre.

Quant aux éruptions solaires, aux protubérances, nous signalerons celle du 11 septembre 1893 (observée par M. Gally, à Rouen). Elle s'élevait à la hauteur prodigieuse de 400,000 kilomètres.

Et, comme toujours, cette exceptionnelle activité solaire s'est accompagnée de perturbations magnétiques et de plusieurs aurores boréales. L'une d'elles, signalée d'une part en Sibérie, fut observée également et en même temps en Australie.

A l'heure actuelle, le maximum est passé et le nombre, la fréquence et l'énergie des accidents de la surface solaire sont en décroissance pour une nouvelle demi période undécennale.

Véritable nature des taches et Constitution du Soleil. — Nous serons très brefs sur ce point ; non que le sujet à nos yeux ne vaille pas qu'on s'y arrête ou qu'il n'y ait pas de travaux ou de résultats remarquables à signaler. Nous estimons au contraire qu'une pareille question mérite de faire l'objet d'une étude spéciale et plus détaillée.

C'est en effet tout le problème de la *constitution physique* du Soleil mise en cause.

Il nous plairait d'analyser en les résumant les travaux des Arago, des W. Herschell, des Bode, des Wilson ; d'exposer les résultats obtenus par des observateurs tels que le P. Secchi, M. Wolf, M. Praczmouzki ; de montrer quel secours inattendu les sciences physiques apportent à l'astronomie par la découverte de ce merveilleux instrument d'analyse qu'est le spectroscope; comment l'analyse spectrale a fourni une base scientifique expérimentale à l'hypothèse cosmogonique de Kant et de Laplace ; enfin rapprochant et coordonnant tous les faits et toutes les observations, donner avec M. Faye comme couronnement à l'étude des taches, et des particularités de la surface du Soleil la véritable notion de la *constitution physique* de cet astre.

Bornons-nous ici, pour compléter le *signalement* que nous avons essayé de faire du Soleil, à donner une idée des *taches* elles-mêmes (les figures ci-jointes y aideront), des *facules* qui les accompagnent et de l'*état d'activité* que présente la surface éblouissante de la sphère solaire.

Cette surface apparaît comme une mer violemment agitée ; c'est l'enveloppe extérieure gazeuse, formée de vapeurs brûlantes et lumineuses (la *photosphère*) où des tourmentes, des houles formidables et des tourbillons provoquent des déchirures profondes et de violentes éruptions. Alors et ainsi apparaissent les *taches* non pas fixes et bien délimitées, mais essentiellement mobiles, changeant de forme et de place; formant ces trouées en forme d'entonnoir, trouées gigantesques ou plusieurs terres pourraient facilement s'engloutir, au fond desquelles la partie interne, sans doute fluide, s'aperçoit plus sombre, *quoique non obscure*, pendant que les bords et la surface, où s'accumulent et s'entassent les vagues de vapeurs brûlantes, brillent du plus éblouissant éclat. Ces régions plus lumineuses sont les *facules*.

La photosphère est entourée en outre d'une enveloppe gazeuse, lumineuse, d'une couleur rose, due à l'hydrogène. C'est la *chromosphère* haute de 1,800 lieues.

Enfin, une *couronne* de gaz infiniment dilués (hydrogène

et gaz inconnu plus léger encore). Ces deux enveloppes extérieures s'observent au moment des *éclipses* de Soleil, dont nous n'avons pas à parler ici, mais dont l'importance est capitale pour la connaissance et l'intelligence de la constitution de l'astre qui nous occupe.

Les dessins ci-contre donnent une idée des *protubérances*, sortes de jets ou d'éruptions de flammes qui ne se peuvent observer précisément qu'aux époques où le disque du soleil s'est éclipsé.

Tache du Soleil en tourbillon spirale.

Quelques-uns de ces jets enflammés, en partie formés d'hydrogène, atteignent des centaines de kilomètres!

Telle est, esquissée à grands traits, l'apparence que présente le Soleil.

L'idée qu'on peut se faire de la constitution de l'astre découle de l'observation même et aussi et surtout de l'interprétation de cet aspect extérieur du Soleil examiné tant avec les lunettes qu'avec le secours des instruments d'analyse physique (spectroscope, polariseurs), ou des procédés photographiques.

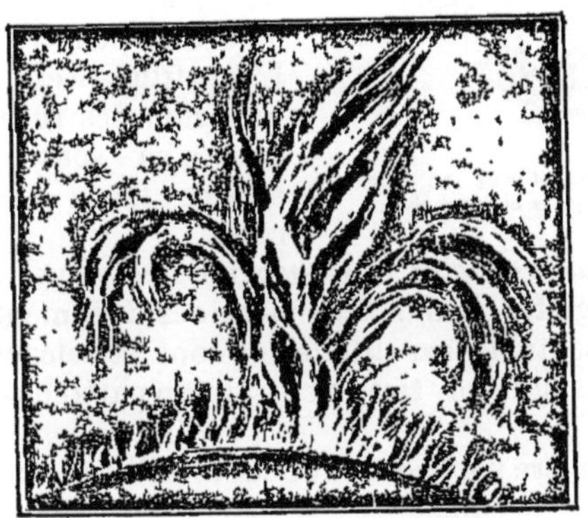
Éruption solaire. Protubérances.

On conçoit en effet que l'observation directe soit insuffisante. Si nous nous rappelons que le Soleil est 1,300,000 fois plus gros que la Terre, n'oublions pas non plus qu'il est situé à 38 millions de lieues de nous, et que nos instruments les plus puissants ne sauraient le *rapprocher* à moins de 38 mille lieues. A cette distance, où des accidents de surface notablement plus grands que la France n'apparaissent que comme des points, il est clair que l'œil humain, fût-il armé des meilleures lunettes, doit demeurer impuissant à discerner des détails capables de fournir à l'esprit les éléments d'un jugement raisonnable. En douter serait, comme on l'a fait justement remarquer, imiter ce jeune paysan qui, voyant de loin la fumée d'une grande ville, jugea inutile de s'en approcher davantage, convaincu qu'il avait une idée nette de son étendue et de la distribution de ses monuments.

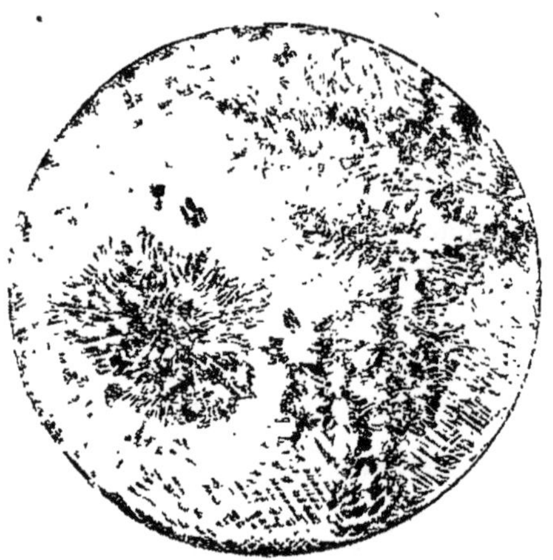

Une partie de la surface du Soleil vue au télescope montrant l'agitation les vagues et les taches.

Mais la physique met à notre disposition de précieux moyens d'investigation pour qui les énormes distances, devant lesquelles la faiblesse de nos organes nous laisse impuissants, cessent d'être un obstacle et ne comptent pour ainsi dire pas. L'exactitude et la précision des résultats n'en sont en aucune façon altérées.

L'œil photographique voit *plus* et *mieux* que nos yeux ; et la *plaque sensible* enregistre automatiquement des documents imprévus, d'une indiscutable exactitude, et dont la science, depuis quelques années surtout, tire, on le sait, un parti considérable.

Les *polariscopes* d'autre part nous révèlent la nature même de la lumière émise ou réfléchie.

Enfin le secret de la nature chimique des astres est en grande partie dévoilé par le *spectroscope.* L'admirable méthode d'analyse introduite dans la science par Kirchoff et Bunsen a permis de reconnaître dans le Soleil la présence de la plupart des corps simples qui composent notre terre. Appliquée aux étoiles elle a conduit, concurremment avec la photographie, à admettre, dans tout notre système sidéral, cette identité de structure, de substance et de mouvement dont la démonstration est la caractéristique et l'honneur de la science moderne.

En possession de pareils moyens, l'astronomie physique a réalisé depuis trente ans des progrès con idérables. Les hypothèses, dont quelques unes étaient au moins singulières [1], qui reposaient sur des observations imparfaites ont dû céder aux découvertes résultant des nouvelles méthodes.

L'existence d'un noyau obscur et froid (Wilson-Arago) qui avait conduit à la motion d'habitabilité du soleil, n'est plus admissible aujourd'hui.

L'incertitude où l'on était sur la nature solide, liquide ou gazeuse de la photosphère n'a pu tenir devant ces résultats fournis par les appareils de polarisation; et la nature *gazeuse* cette photosphère, rendue déjà très probable quand on eut acquis la certitude que les taches étaient des trous, des cavités, n'est plus discutée aujourd'hui.

Ce n'est pas à dire qu'il ne reste point encore bien des points à éclaircir, et que la science soit à cet égard en possession d'une connaissance parfaite et définitive.

Mais du moins la théorie admise aujourd'hui par les astronomes rend compte de tous les résultats d'observation, n'en laissant aucun sans explication. Cette théorie, due à M. Faye et en quelques points modifiée et complétée par M. Stoney, de Dublin, est, de l'aveu des savants les plus autorisés et en particulier de M. Wolf, le savant astronome de l'observatoire de Paris, celle qui rend le mieux compte de la constitution probable du Soleil.

Réduite à ses résultats essentiels, elle peut se résumer ainsi :

L'intérieur du Soleil est formé d'une masse *gazeuse*, résidu de la nébuleuse primitive, portée à une température tellement élevée que toute combinaison chimique y est impossible. Cette masse, dont la surface s'est refroidie par rayonnement, s'est trouvée enveloppée par une couche de vapeurs dont la tem-

---

1. Un certain *Traité sur la science sublime de l'héliographie*, publié à Londres en 1798 par M. Ch. Palmer expose que « le soleil n'est autre qu'une masse de glace ».

pérature rend possibles les phénomènes de combinaison et de condensation moins élevée et dont le pouvoir rayonnant devient la source de lumière et de chaleur : c'est la *photosphère*.

Celle-ci est formée de deux parties inégalement brillantes d'où l'apparence *granulée* de la surface solaire vers le centre du disque ainsi que la *diminution d'éclat* sur les bords. Les *facules* et les *taches* résulteraient de la prédominance ou de la disparition, au-dessus de la zone inférieure plus sombre, des amas de nuages ou vapeurs dont le rayonnement produit la lumière éclatante du soleil.

Les éléments de la photosphère se précipitent continuellement, d'après M. Faye, vers le centre du Soleil, engendrent des contre-courants qui soulèvent les nuages et produisent les facules, *signes précurseurs* des taches, et déchirent l'enveloppe d'une ouverture cratériforme c'est-à-dire d'une *tache*, siège ordinaire, comme nous l'avons dit, des *projections* solaires.

Enfin l'atmosphère ou *chromosphère* dont nous avons signalé l'existence forme la partie la plus extérieure avec la *couronne* où l'hydrogène, qui la forme en partie, parait en combustion continuelle.

On le voit, cette théorie est conforme à tout ce que les divers moyens d'observation ont appris sur le Soleil. Ajoutons que la chute continuelle de la substance même du Soleil sur elle-même, invoquée dans la théorie précédente, présente cet avantage qu'elle suffit à rendre compte, d'après les données de la *thermodynanique*, de la conservation de l'énergie calorifique du Soleil.

Lumière zodiacale. — Lorsque les circonstances sont favorables, on peut apercevoir après le crépuscule, vers le mois de mars, ou avant l'aurore en novembre, une lueur qui forme une sorte de triangle allongé et incliné au-dessus de l'horizon ; c'est la *lumière zodiacale* qui présente absolument l'aspect d'une pâle nébulosité lenticulaire environnant le Soleil. Cet astre semble ainsi prendre place et pouvoir être rangé parmi les étoiles nébuleuses. On considère, avec Laplace, la matière de la lumière zodiacale comme le résidu de la nébuleuse primitive.

Nous avons terminé le *signalement* que nous avons tenté d'esquisser à grands traits, de l'astre Soleil qui domine et entraîne tout le système planétaire, notre monde, et nous nous arrêtons ici.

Toutefois, avant de terminer, il est une question à laquelle l'esprit ne peut se dérober, et que nous voulons seulement poser.

Ce Soleil, qui est une étoile pour nous prodigieusement éclatante, et d'où émane toute la vie sur la terre, ne peut-il s'éteindre un jour? Les étoiles variables, la disparition de certains astres, ne sont-elles pas là pour nous faire penser que l'énergie solaire peut subir, elle aussi, des variations? Quelle que soit la manière dont on conçoive la conservation et l'entretien de cette énergie, il ne paraît pas douteux que le Soleil perde chaque jour quelque peu de sa chaleur. Et alors, après des millions d'années sans doute, que deviendrait notre monde?

Nous ne ferons pas de réponse à cette question. Songeons toutefois que l'éternité ne saurait appartenir à *un système* qui n'est dans l'univers qu'un *individu*. Pour lui, naissance et mort, commencement et fin, sont deux termes nécessaires, inéluctables.

Notre monde a commencé, il doit finir; mais quand celui-ci sera mort il est permis de penser que son tombeau sera le berceau de mondes plus jeunes, auxquels ses débris auront fourni le germe de la vie, car les énergies qui semblent se dépenser, ne subissent en réalité que des métamorphoses.

TABLE DES MATIÈRES

Un monde........ 3
Le cortège du Soleil........ 4
Éléments qui composent le monde solaire........ 4
Aperçu du système planétaire........ 5
Mécanisme de l'ensemble........ 8
Le mouvement dans l'univers........ 8
Le Soleil dans l'univers sidéral........ 9
Hymne au Soleil........ 11
Estimation de l'éclat et de la chaleur du Soleil........ 13
Inégalité d'éclat du disque........ 14
Précautions à observer dans l'étude du Soleil........ 15
Variation de l'insensité solaire sur les divers astres........ 16
Le Soleil source de chaleur........ 16
Chaleur intrinsèque du Soleil........ 18
Forme et dimensions........ 18
Le Soleil vu des diverses planètes........ 20
Distance du Soleil........ 21
Véritables dimensions du Soleil........ 23
Rotation du Soleil........ 24
Taches........ 24
Périodicité des taches........ 26
Relations magnétiques........ 27
Constitution des taches et du Soleil........ 29
Lumière zodiacale........ 34

Sceaux. — Impr. Charaire et Cie.

BIBLIOTHÈQUE SCIENTIFIQUE
DES ÉCOLES ET DES FAMILLES

CONDITIONS DE VENTE :

Le volume : Quinze centimes

CHEZ TOUS LES LIBRAIRES,
MARCHANDS DE JOURNAUX
ET DANS LES GARES.

Un volume : vingt centimes.
2 vol., **35** centimes; **25** vol., **4** francs.
Franco par la poste en s'adressant
à M. Henri GAUTIER, directeur,
55, quai des Grands-Augustins, Paris.

Il suffit d'indiquer le numéro des volumes qu'on désire, sans donner le titre.

VOLUMES EN VENTE

1. **La Photographie**, les appareils et leur usage, par Auguste et Louis Lumière.
2. **Les Fourmis**, leurs caractères, leurs mœurs, par H. Mercereau, professeur de l'Université.
3. **Les Travaux de M. Pasteur** ; microbes bienfaisants et microbes malfaisants, par Gustave Philippon, docteur ès sciences.
4. **Les Parfums**, leurs origines, leur fabrication, par H. Coupin, préparateur à la Faculté des Sciences.
5. **Neige et Glaciers**, par C. Vélain, chargé de cours à la Faculté des Sciences de Paris.
6. **Lavoisier**, sa vie, ses travaux, par H. Mercereau, professeur de l'Université.
7. **Les Ballons**, par Capazza, aéronaute.
8. **Sucres, Sucrerie et Raffinerie**, par A. Hébert, préparateur à la Faculté de Médecine
9. **Les Animaux travailleurs**, par Victor Meunier.
10. **Les Plantes vénéneuses**, par L. Duclos, préparateur à la Faculté de Médecine.
11. **La Soie**, soie naturelle, soie artificielle, par H. Mercereau, professeur de l'Université.
12. **Les Impôts sous l'ancien Régime**, par L. Prévaudeau, licencié en droit.
13. **La Photographie**, développement et tirage, par Auguste et Louis Lumière.
14. **Le Collectionneur d'insectes**, par Henri Coupin, préparateur à la Faculté des Sciences.
15. **L'Éclairage électrique**, par E. Dumont, professeur à l'École des Hautes Etudes commerciales.
16. **L'Industrie de l'alcool**, par A. Hébert, préparateur à la Faculté de Médecine.
17. **Les Microbes de l'air**, par R. Cambier, attaché à l'Observatoire de Montsouris.
18. **La Fièvre**, théories anciennes et modernes, par le Dr Garran de Balzan.
19. **Le Diamant**, par H. Mercereau, professeur de l'Université.
20. **La Céramique et la Verrerie à travers les âges**, par A. Quillard, préparateur de chimie à la Faculté de Médecine.
21. **Hygiène du chauffage et de l'éclairage**, par N. Gréhant, professeur au Muséum
22. **Les Impôts depuis la Révolution**, par L. Prévaudeau, licencié en droit.
23. **Les Pierres tombées du ciel**, par Stanislas Meunier, professeur au Muséum.
24. **Le Soleil**, par Charles Martin, professeur de l'Université.
25. **Maladies microbiennes : le Croup**, par le Dr Lesage, chef de laboratoire à la Faculté de Médecine de Paris.
26. **Les Travaux d'Edison**, par E. Dumont, professeur à l'Ecole des Hautes Études commerciales.
27. **Voitures sans chevaux**, par E. Dumont, professeur à l'École des Hautes Études commerciales.

Adresser les demandes, accompagnées d'un mandat sur la poste, à M. Henri GAUTIER, éditeur, 55, quai des Grands-Augustins, PARIS

SCEAUX. IMP. CHARAIRE ET Cie.

www.ingramcontent.com/pod-product-compliance
Ingram Content Group UK Ltd.
Pitfield, Milton Keynes, MK11 3LW, UK
UKHW020417220726
13923UKWH00005B/2011

9 782329 079981